如果猫咪会说话

[韩] 罗应植 著 [韩] 舞蜗 绘
易乐文 译

山东画报出版社
济 南

果麦文化　出品

作者序

倾听 3 岁孩子的心声

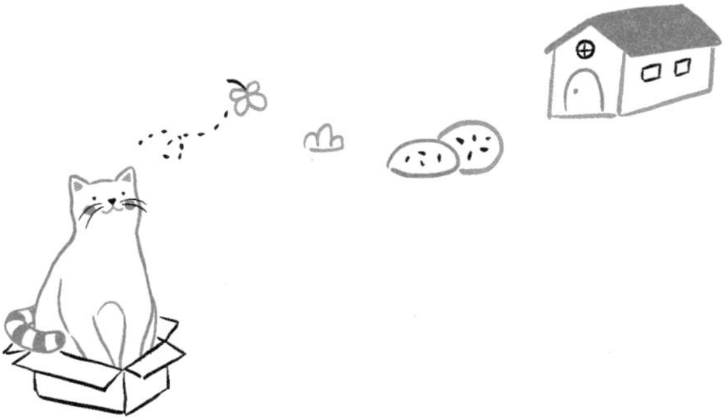

猫咪仿佛是来自遥远宇宙的神秘生物，它们的语言和行为令人着迷，却难以捉摸。例如翻过身来露出可爱的小肚子，让人耳朵痒痒的“喵喵喵”叫声。其实，只要我们稍加观察和聆听，很容易就能理解猫咪的心思。因为猫咪就像一个 3 岁的小孩，它在努力和我们说话。

猫咪的生命阶段和人类大不相同。出生的第一年，猫咪的生长速度是同时期人类的 15 倍，第二年是 9 倍，之后是 4 倍。猫咪在我们的身边快速地成长和变化，有时候我们会惊讶地发现，猫咪出生一个月后就突然长大了。但是从出生到离开这个世界，猫咪其实一直保持着 3 岁小孩的心态。亲爱的读者朋友，如果你的身边有猫咪，并决定以后一直伴它左右的话，请首先理解，猫咪只是一个 3 岁的孩子。然后抱着照顾弟弟妹妹的心态，抱着爱护 3 岁小朋友的心态，陪在猫咪的身边吧。

3 岁的小孩什么样呢？高兴的时候高兴，生气的时候生气，紧张的时候紧张，永远展现最真实的一面。3 岁孩子的心里没有报复，没有羞耻，也没有蔑视。猫咪的内心比我们想象中要简单得多，纯粹得多。只要我们降低姿态，用单纯的眼光去观察，猫咪的心思其实一点也不难猜。

希望通过这本书，帮助大家理解猫咪的行为和语言，更好地和猫咪相处。如果能和猫咪建立亲密的关系，猫咪会给我们带来无限的喜悦和幸福感。好了，准备好和我一起走进 3 岁孩子的内心了吗？

罗应植

认识卡片的家人
妈妈
小区的“猫妈妈”，经常给小区的流浪猫喂食物和水。在路边流浪徘徊的卡片之所以找到这里，或许就是因为这位“猫妈妈”？
爸爸
一开始不喜欢宠物，但在照顾流浪猫的妻子的影响下，逐渐对猫咪产生了兴趣。

哥哥
一个校园生活丰富、朋友很多的小男孩。小学 3 年级的时候第一次见到了卡片，像朋友一样对待敞开心扉走来的卡片。是卡片最喜欢的人。
妹妹
6 岁时第一次见到卡片。能察觉到哥哥忽视的一些卡片的情绪，并细心地照顾卡片。
卡片
一只流浪的猫咪，芝士色，腿部和尾巴有斑纹。出生在路边，和猫妈妈一起生活了 4 个月，迷路后去了新家。

目录

妈妈，妈妈，这是什么？
妈妈，快看这边！
咦？妈妈去哪了？
爸爸，这只小猫好像迷路了。
喵呜，喵呜。
你肚子饿了吗？
我们带你一起去找妈妈好吗？

见到你的第一天

你好，我想和你做朋友

走向你的时候，我的鼻子朝着你。

当你的指尖碰到我的鼻子，

就会变成充满喜悦的问候。

不管是哪一根手指，我都会走向你。

不管是哪一根手指，我都会贴近你。

我想和你打招呼，然后和你做朋友。

用鼻子问候

当猫咪向你伸出鼻子的时候，代表它想和你打招呼。请用指尖碰一碰猫咪的鼻子，像朋友一样接受它的问候吧。

不要随便摸我

我的尾巴是用来表达感情的，所以很珍贵。

我的脚带我去探索好奇的领域，所以很珍贵。

我的肚子保护我不受伤害，所以很珍贵。

我的脖子后面是我看不到的地方，所以很敏感。

请小心对待我珍贵和敏感的部位。

就像别人小心翼翼地抚摸

你的眼睛、鼻子和手一样。

小心脚、尾巴和脖子

突然摸猫咪的尾巴、脚和肚子等部位，或者抓住它的脖子，会让猫咪不高兴。

需要一点距离

听到脚步声，我的耳朵会先竖起来。

有味道扑面而来，我的胡子会率先警戒。

等一下！刚开始要保持 1.8 米的距离。

你和我的心理距离从 1.8 米开始，

然后让我们用好感慢慢缩小这个距离吧。

猫咪的私人空间

猫咪在心理上感到舒适的距离，即猫咪的“私人空间”约为 1.8 米左右。这个距离与对主人的信任感紧密相连。

1.8米

我想
和你亲近

妈妈揉着你的脸蛋说我爱你。

爸爸用力抱着你说我爱你。

妹妹紧紧挽着你的胳膊说我爱你。

我用我的脸蛋蹭你的手，

我用我的身体蹭你的腿，

我把我的尾巴轻轻地缠在你的胳膊上。

因为我想说“我爱你”，我想和你亲近。

猫咪的“蹭蹭”

大家可能不知道，猫咪是最经常对主人表达爱意的动物之一。“蹭蹭”是猫咪表达爱意最具代表性的方式。

摸摸我

你作业写得好，

妈妈就会抚摸你的头表扬你。

我捕猎成功的时候，也想得到表扬。

只要用温暖的手摸摸我的头，

用温柔的手拍拍我的屁股，

我的心就会充满喜悦。

拍拍猫咪的屁股

猫咪最喜欢被摸的地方是尾巴根部上方的屁股部位，主人轻轻拍打猫咪的屁股时猫咪会很舒服。

外面危险！
要不出去走走？
卡片！
你终于出来了！
这个软乎乎的
东西是什么？
太舒服了！
哥哥每天都在这里
干什么呢？

2 3岁孩子的心

我不是故意的

刚好那天你和朋友玩到很晚才回家，
我一不小心在被窝里犯了错。
不是气你回家晚了，
也不是讨厌你，
更不是报复你。
我只是实在憋不住了，才会尿出来的。

猫咪没有报复心

很多人误认为猫咪拥有人的复杂感情，其中最具代表性的就是“报复心”，但拥有一颗 3 岁童心的猫咪怎么会有报复心呢？

不知道做错了什么

看到湿漉漉的被子，

你气得火冒三丈。

我被你的样子吓到了，赶紧躲到了桌子底下。

我吓得愣愣的，一动也不敢动。

我只是想尿尿而已。

猫咪没有愧疚感

猫咪会犯很多错误，但是不会产生愧疚感。如果我们能告诉猫咪哪些行为是错误的，它就会努力避免犯错。

我不觉得丢脸

你把我放在床上，

指着尿迹斑斑的被子，

问："你不觉得丢脸吗？"

不会啊，我不觉得丢脸。

我只是着急尿尿而已。

软绵绵的地毯，软乎乎的被子，

踩上去软软的地方，

都是我喜欢的卫生间。

猫咪没有羞耻心

猫的情绪年龄和 3 岁的孩子一样。3 岁的孩子不会因为尿错地方而觉得丢脸，猫咪也不会。

好激动

蜷缩身子抬起屁股，进入狩猎模式。

我本来就是个出色的猎人。

我的后腿已经准备好了，

随时可以像子弹一样快速弹出去。

我要抓住你手里的逗猫棒！

你摇晃的动作要时快时慢才更有趣，

我会用更帅气的动作抓住目标！

有时候我跳得比自己的身体还要高，太棒了！

猫咪没有自豪感

猫咪没有成就感或自豪感之类的情绪。但是在狩猎游戏中抓住目标后，猫咪会感到快乐和满足。

我害怕

你急急忙忙地走进房间，

砰的一声关上了门，吓得我僵在原地。

妈妈的手机里传来咯咯的笑声，

吓得我逃到了沙发底下。

一只大手想把躲在沙发底下的我抓出来，

我挥舞着前爪阻挡，不小心弄伤了那只手。

猫咪害怕时的三种行为

猫在感到恐惧时，根据程度的不同，会有以下三种表现：僵住、逃跑和战斗。

我爱你

你坐在沙发上看电视，
我靠在你的膝盖上，静静陪你坐着，
这是我在说“我爱你”。
你在睡梦中遨游，
我趴在你的肚子上，用屁股朝着你，
这是我在说“我爱你”。
你想摸我的头，
我主动走到你的身边，把头放在你的掌心，
这是我在说“我爱你”。
你坐在餐桌前吃饭，
我在你的小腿肚上来回摩擦，
这是我在说“我爱你”。

眨巴着眼睛默默注视你，

这是我在说“我爱你”。

趴在比猫爬架低一点、

比沙发高一点的你的膝盖上，感受你的温度，

这是我在说“我爱你”。

静静躺在你的身边，依偎着睡去，

这是我在说“我爱你”。

一看到家人，

就不由自主翘起的尾巴，

也是我独有的说“我爱你”的方式。

用心感受猫咪的爱

小猫咪表达对主人的信赖和爱的方式丰富多彩。用心体会一起生活的点点滴滴，你会发现许多被猫咪的爱点亮的时刻。

我嫉妒了

沙沙沙，我循着声音飞奔而去。

什么？饼干拆开不是给我吃的吗？

哼！我气坏了，

挤进你和哥哥的中间。

我好嫉妒，

举起尾巴摇来摇去，在你们中间捣乱。

谁叫你们不给我饼干吃！

猫咪的嫉妒心很强

猫咪有嫉妒心，想得到主人的关注或有所求时，就可能会捣乱或故意妨碍主人。

谁允许你
乱闻了？
烦死了，
别靠近我！
哥哥，
我想死你了。
我最帅！
妹妹，我们
出去玩吧？
想不带我玩？
我都听着呢。

我的尾巴会说话

自信满满

这个熟悉的空间里，到处都是我的信息素。

餐桌桌腿上，房门角落里，

家人们看电视的沙发旁，

向我走来的妈妈的腿上。

在这些属于我的空间里，

我会把尾巴举得高高的。

尾巴竖直向上

猫咪在熟悉的空间里就会充满自信，这时它的尾巴会竖直向上。信息素是同一种动物之间沟通时使用的化学物质，是只有同类才能懂的秘密信号。

见到你好高兴

咔嗒咔嗒，

是开门的声音。

让我数数已经过去几小时了呢？

你在学校的时间是八个小时，

我在家的时间是三十二个小时。

一直在等待着你的心，

跟着我的尾巴迫不及待地向你走去。

尾巴直立，尾巴尖朝前

尾巴尖向着主人表示高兴和欢迎。此外，猫咪的时间比人类快四倍左右。

是谁来着

这是谁来着？

这熟悉的味道，

这熟悉的模样。

我心里还是挺欢迎的，所以尾巴竖了起来。

但我不太确定到底是谁，

所以尾巴尖没有朝前，

而是向后弯成了一个小钩钩。

尾巴直立，尾巴尖朝后

猫咪确认对方是谁之后，尾巴尖会朝前；如果不确定是谁，尾巴尖会朝后，这是表示友好但有所警惕。

陌生又害怕

我想起第一次来这里的那一天。

和你们见面还有些尴尬。

看到新的事物，闻到陌生的味道，

我的心里还有些害怕，

我的尾巴不由自主地夹到肚子下边去了。

尾巴夹到双腿之间

猫咪来到陌生的地方会感到害怕，然后把尾巴夹到两腿之间。

我在观察周围

今天考试考砸了吗？

和朋友吵架了吗？

你的肩膀耷拉着，

声音也有气无力，

没有像往常一样热情呼唤我的名字。

我很在意你的心情，

所以我的尾巴在认真观察。

尾巴与地面平行

猫咪观察周围时，会将尾巴伸直，与地面平行。主人心情不好时猫咪很快就能察觉到。

准备好战斗了

面前这只猫咪是谁？

它是想和我做朋友吗？

为什么眼睛瞪得像铜铃，直勾勾地盯着我？

是该和它打架呢，还是该拥抱它呢？

我一头雾水，

尾巴不知道该上去还是下来。

尾巴与地面呈45度角

当猫咪的尾巴既不是竖直向上的，又不是与地面平行的，也不是完全下垂的状态时，代表猫咪已经做好了战斗的准备。

我很可怕吧

是因为对我感兴趣才这样做的吗？

如果别的猫咪不经过我的允许，

就凑近闻我的味道，我会感觉很不爽。

不请自来就把肚子翻给我看，

或者用两条腿蹦蹦跳跳，也会让我不舒服。

特别是在我没有心理准备的时候，

直勾勾地盯着我，那我就更忍不了了！

我只好把尾巴竖起来，把毛像气球一样鼓起来，

让它看看我的厉害。

尾巴膨胀的时候

猫咪在生气或示威的时候会竖起尾巴并把毛鼓起来，这是为了让自己看起来更大更厉害。

感兴趣

你在和妹妹说我的坏话吗？
你在告诉妈妈我偷吃零食的事情吗？
你在跟爸爸说我对这件玩具不感兴趣，
让他给我买新的吗?
虽然我背对着你们坐着，但我都听着呢，
我的尾巴在听。

尾巴放在地上，尾巴尖抖动的时候

当对周围有感兴趣的事物时，即使是背对着，猫咪也可以把耳朵转过去倾听，或者抖动尾巴尖表示关注。

哇！你唱歌
怎么这么好听！
好温暖好舒服，
这就是幸福吗？
猫爬架上的我
充满自信！
啊！卡片，
吓到你了吗？
当啷！

我的脸会说话

惊讶

我喜欢洒满温暖阳光的窗台。

窗外的叶子层层叠叠，

像一床厚厚的棉被。

树上的鸟儿叽叽喳喳，

不一会儿又飞走消失在天空。

这些在我眼里都是惊奇的景象。

我把眼睛睁得大大的，像澄净的湖水，

想把飞走的鸟儿重新装进来。

瞳孔变得又大又圆

猫咪的动态视力非常发达，对于它们来说，窗台是一个非常有趣的地方。当看到飞鸟时，猫咪的瞳孔会变得又大又圆。

有点兴奋

这个早晨一家人都很忙碌。
爸爸说下班后去给我买礼物，
他的声音听起来很激动。
晚上，爸爸带着满满一箱玩具回来了。
都有些什么玩具呢？
沙沙沙，听到爸爸拆包装的声音，
我的眼睛变成了杏仁的形状。

瞳孔变成杏仁状

猫咪感兴趣时，眼睛会变成杏仁状。更兴奋或期待的时候，也可能变成圆形。

安适

当我咔滋咔滋吃着我喜欢的零食，

当我坐在沙发的一角沐浴着温暖的阳光，

当我用舌头一根一根梳理我的毛发，

我的身体和心灵就会感到无比的舒适和安宁。

这个时候，我的眼睛就会眯成一条细线。

瞳孔变成一条细线

当猫咪感到安心和舒适时，以及光线很强的时候比如中午，瞳孔会变成垂直的细线状。

高处的自信

猫爬架是带给我自信的地方。

在这里，我可以俯瞰整个客厅；

在这里，我可以看到家人们的脸庞。

我轻轻地伸出前脚，

注视着你和爸爸、妈妈、妹妹亲切聊天时的样子。

每当这个时候，

我的胡子就会舒服地垂下去。

胡子下垂的时候

猫咪喜欢垂直的空间，在高处观察时会产生自信，这时猫咪的胡子会很自然地下垂。

吓到了

哐当当！

爸爸喜爱的相框摔碎了。

我吓了一跳，胡子往后提了提。

你也吓得不轻，肩膀都耸了起来。

没事，不会有事的。

爸爸不会训你的。

我放下了我的胡子，

你也舒展一下紧绷的肩膀吧。

胡子向后提起

猫咪的听觉非常灵敏，很容易被突如其来的声音惊扰。当猫咪受到惊吓或害怕时，胡子会向后提起。

有好玩的东西吗

当啷当啷，是玩具的声音。

在沙发后面吗？在餐桌下面吗？

还是你躲在门后摇晃的声音？

我的耳朵像天线一样探测起来。

我会竖起耳朵，找到发出声音的地方，

然后跑过去！

耳朵朝前竖起

有声音刺激时，猫咪会把耳朵朝前竖起来。

好奇

沙沙，沙沙。

这是什么声音？

是逗猫棒落到了地上！

我一听就知道。

朝着你正在挥舞的逗猫棒，

我把胡子慢慢向前伸。

胡子向前伸展的时候

看到有趣的玩具时，猫咪的胡子会最先向前伸。猫咪的胡子能感知到眼前 30 厘米的距离。

所有声音都很好奇

这个四四方方的箱子是我平时吃零食的地方，
今天变成了移动的小火车。
是要带我去好玩的地方吗？
外面的声音和气味闯进箱子里。
砰砰、丁零零、咔嗒咔嗒，
我想把这些新的声音全部收集起来。
大脑和耳朵都忙得不可开交。

耳朵竖起来的时候

带猫咪外出时，最好让猫咪待在宠物箱里。第一次出门的猫咪，会好奇地竖起耳朵听外面的声音。

会发生什么呢

宠物箱上的毛巾被掀开的瞬间，

原本很小的声音突然变大了，

很多没有闻过的味道扑面而来，

我紧张到咽口水！

你去到陌生的地方也会紧张吧？

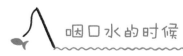

咽口水的时候

猫咪感受到轻微的压力时会咽口水。

动物医院

耳朵很忙

这是哪里？

是火车站吗？猫咪们是要去旅行吗？

有其他动物的叫声，我的耳朵扇了扇。

有其他人的脚步声，我的耳朵竖了起来。

所有的声音都让我好奇，

我的耳朵闲不下来了。

突然扇动耳朵

猫咪在注意周围的声音时，会扇动耳朵。

恐惧

来到了陌生的地方。

宠物箱一打开，我害怕得蜷成了一团。

我做梦都没想到来的是医院。

突然有很多灯光，照得我睁不开眼睛。

突然有很多声音，

我害怕得把耳朵使劲往后抿。

耳朵向后抿

宠物箱门打开后，大部分猫咪都会使劲蜷缩身体和耳朵。这是猫咪感受到恐惧时做出的防御性动作。

紧张

诊疗开始了。

我的心跳加快了，四肢僵硬了，呼吸也变急促了。

小小的检查器钻进耳朵的瞬间，

我紧张得鼻子都红了。

你去医院时，

当牙医把检查器放进你张大的嘴巴里，

你的脸也会变红吧？

鼻子突然变成粉红色

猫咪一紧张鼻子就会变成粉红色。猫咪去动物医院的心情就像小孩子去牙科医院一样。

有一点点害怕

医生的声音，医生的手，诊室的味道。

医院的一切，我都不熟悉。

不知怎么的鼻子发痒，我用舌头舔了舔。

你在牙科医院的时候，也会不自觉地咽口水吧？

医院真是个让你和我都害怕的地方。

舔鼻子

猫咪紧张的时候还会舔鼻子，就像人在紧张的时候咽口水一样。

好想你们

过去一天了吗？

过去两天了吗？

你们旅行玩得开心吗？

咯吱咯吱，门外传来你的脚步声。

咯噔咯噔，门外传来妈妈的脚步声。

你一打开门就会看到，

我高高竖起的尾巴在不停地抖动。

因为我高兴得要飞起来了！

竖起尾巴抖动

在表达喜悦之情时，猫咪的尾巴会竖起来并快速抖动。

卡片，
你是饿了吗？
喵呜。
咕咕咕。
卡片，
你在干吗？
卡片，你也想
一起玩吗？
嗒嗒嗒。
嘎嘎嘎。
咝咝。
啊！卡片，
吓到你了吗？
对不起。

用声音表达我的心

为我
做点什么吧

“妈妈，妈妈！”

你在洗手间叫妈妈，是因为需要纸巾。

“喵呜，喵呜！”

我叫你的时候，也是因为有需要的东西。

我需要的可能是零食，可能是关心，

也可能是温暖的抚摸。

我喊“喵呜”的时候，请记得看我一眼吧。

“喵呜”叫的时候

猫咪向同伴“喵呜”叫，是为了告知自己的位置；对主人“喵呜”叫，则是有所诉求。

好期待

你现在正走向我喜欢的地方，

让我心动的地方。

沙沙，沙沙，是拆零食的声音吗？

咔嗒，咔嗒，是开罐头的声音吗？

我无比期待的零食时间！

我的嘴里不禁发出了“嘟噜噜”的声音。

短促颤音

猫咪在满怀期待的时候发出的声音是一种短促的颤音，类似于珠子从盘子里滚出去的声音。

我想玩
捕猎游戏

今天小鸟又来窗边玩了。

小麻雀快速扇动着翅膀，一会儿飞近一会儿飞远。

小鸽子悠闲地探头探脑，不一会儿又一走了之。

我想和他们做朋友，和他们一起玩。

望着飞走的鸟儿，我发出了遗憾的叹息。

嗒嗒嗒，嘎嘎嘎。

啁啾振动声

猫咪在遗憾的时候发出的声音听起来有点像“嗒嗒嗒，嘎嘎嘎”。猫咪看到窗外的鸟儿，狩猎本能觉醒，但又无法抓到时会发出这种声音。

和你在一起很开心

我喜欢你的手抚摸我，从额头到脑后。

我会轻轻地爬上你的膝盖，

方便你抚摸。

在你的怀里，我很快就能安心入睡。

好有安全感啊，

我的喉咙里发出了“咕咕咕”的声音。

好喜欢你温柔的抚摸啊，

我的喉咙里发出了“咕噜咕噜咕噜”的声音。

咕噜咕噜声

猫咪心情好的时候会发出咕噜咕噜声，这是一种有助于减轻疼痛的振动声。

别过来

我不是故意的，我吓了一跳。

我的尾巴突然被什么踩到了，

所以疼得叫出声来。

我不知道是你，所以发出了尖锐的嘶嘶声。

你是不小心踩到我尾巴的，对吗？

嘶嘶声

猫咪被攻击时会发出嘶嘶的防御性声音。

现在不要碰我

不用担心我。

虽然被踩到尾巴吓得不轻，但过 15 分钟就没事了。

我现在不需要安慰，

我只需要一个人平复下心情。

如果你非要过来安慰我，抚摸我，

就别怪我吼你了！

咆哮低吼声

当猫咪已经发出嗞嗞声时，最好不要碰它。如果为了安抚而靠近猫咪或做出其他举动，猫咪就会发出咆哮的低吼声。

你是我最好的朋友！
我就是这么信任你！
你也和我一样软吗？
真的很安心。
快点来和我一起玩吧！
戳戳。
卡片，稍微等一下！

6 我的身体会说话

我信任你

我在屋里悠闲地走着，碰见你了。

我想告诉你我的心意，

但又无法用语言表达，

于是我背靠地面躺下，

露出了我的小肚子。

你知道的吧？

我一直相信你、依赖你。

四脚朝天躺下

露出肚子四脚朝天躺下，这是猫咪信任主人的表现。

发生什么了

咦，什么声音？

在家里的制高点——猫爬架上也能听见。

咦，什么事情？

好像是你和妹妹在说话。

我迈出前脚坐下，想再靠近一点观察。

在高处迈出前脚观察

猫咪喜欢在高处观察。如果有猫咪好奇的事情，它就会迈开前脚，静静坐着观察。

温暖舒适

你喜欢面包吗?

你看我这样像不像一块面包?

把前脚揣在肚子下面，

好温暖，好安心。

就像你窝在被子里一样舒服。

把脚缩进身体里

猫咪会把身体蜷缩成面包形状，享受休息或安宁的时刻。

很安心

妈妈和你津津有味地玩着桌游，

爸爸和妹妹一边看书一边小声讨论。

每当坐在充满阳光的客厅里注视着你们的时候，

我的心就会平静下来，

我的身体就会不知不觉侧躺下来。

惬意地侧躺着

侧躺是猫咪表示开心的肢体语言之一，猫咪感觉舒服的时候经常侧躺。

很烦

你的朋友来家里玩。

一会儿蹦蹦跳跳，一会儿叽叽喳喳。

还有人走过来摸我的前脚，

又突然摸我的肚子。

我猛地站起来拱起我的背。

烦人！走开！

背部弯曲成拱形时

当猫咪对声音变得敏感，并且有轻微的烦躁和生气时，背部会弯曲成拱形。

生气

即使生你的气了，我也会小声说话。

即使烦你了，我也会温柔地表达。

希望你的朋友们能遵守礼仪。

我不是玩具！

不要笨拙地抚摸我，我会不舒服的，

我会把背拱起来，毛竖起来，

像一把生气的弓箭。

背部像弓一样鼓起

猫咪的警惕性很强，对陌生人的行为感到不快时，身体就会像弓一样鼓起来。

我想玩

我喜欢带着羽毛的逗猫棒，好神奇。

一会儿在我眼睛前飞来飞去，

一会儿在我鼻子前晃来晃去，太好玩了！

我要躺下来，露出我的肚子，

用力伸出我的前脚，

后脚也不能闲着，我一定要抓住它！

露出肚子躺着玩

猫咪想抓住眼前的玩具时，会露出肚子躺下。这是表示想玩的肢体语言。

我要
开心地玩

五彩的气球在空中翻飞，
你是不是蹦蹦跳跳地想抓住它？
透明的肥皂泡在空中一闪一闪，
你是不是蹦蹦跳跳地想戳破它？
铃铛丁零丁零，羽毛飞来飞去，
好激动，我后脚站立，想跳起来抓住它。

用后脚站立的时候

猫咪想抓住眼前的玩具时，会用后脚站立，变成一个蹒跚学步的宝宝。

我要练习捕猎

这是什么香味？

原来是我最爱的猫薄荷味，

就在这个长长的垫子里，好好闻啊。

我用前脚紧紧抱住它，

然后用后脚砰砰地蹬它。

捕猎成功了，我好帅！

我真是个优秀的猎手。

用后脚蹬

这个姿势是野生猫咪捕猎的姿势。

我是捕猎高手

我在家里悠闲地走来走去，

有没有什么好玩的事情呢？

今天我就把客厅当作丛林吧。

远处有一个猫薄荷球，

就像藏在草丛里的猎物。

看好了！

我要一举捕获猎物，

让你见识一下我的实力！

叼来玩具的时候

猫咪叼着玩具到处走是一种捕食行为，是在证明自己是一个优秀的猎手。

和我一起玩吧

作业很多吗?

我默默地盯了你好久，你都没发现。

我跳到桌子上看你，你还是没有反应。

我只好戳戳你的肩膀，

戳戳你的肋下。

别做作业了，和我一起去客厅玩吧。

轻轻戳你

猫咪想得到主人的关注时，会安静地来到主人身边，用前脚轻轻戳一戳主人的身体。

我肚子疼。
卡片，你怎么了？哪里不舒服吗？
没胃口吗？饭都没吃呢。
胃不舒服……没有力气……
走到卫生间太累了……
啊！卡片，你应该去卫生间尿尿的！
卡片，你看起来很不舒服。
嗯，我好难受……

7

我生病的时候

我要坐直

鸟儿叫醒我的耳朵，阳光唤醒我的眼睛。

吃完你为我准备的丰盛早餐，

又喝了一大杯水。

真是个安心又舒服的早晨。

我端正姿势坐好，享受着这一份舒适。

身心舒适的时候

猫咪身心舒适的时候，经常会笔直地坐着。这是日常生活中最常见的姿势。

我想蜷起来

吃一口妈妈给的零食，
再吃一口爸爸给的肉，
吃一口妹妹给的猫条，
再吃一口你给的猫粮！
贪心的结果是闹肚子了。
肚子好疼，我想蜷缩起来。

拉肚子的时候

吃坏肚子的时候猫咪会蜷缩起来。

蜷缩成一个球

今天吃得太急，都吐出来了。

尝了一口新零食，又拉肚子了。

口渴喝了一口水，结果更不舒服了。

浑身没力气，只想休息。

我要躲起来，蜷成一个球，让自己慢慢好起来。

患消化系统疾病时

猫咪吃得太急或吃到陌生食物时，都可能引起消化系统疾病。频繁呕吐会导致脱水，这时猫咪会减少活动，把身体蜷缩成球形。

我要坚持住

身体好沉重，只有抬头的力气。

我想痛快地撒尿，但尿出不来。

结果又莫名其妙尿在了卫生间外面。

我突然动弹不了了，你是不是很担心？

是不是要准备带我去医院了？

患有泌尿系统疾病时

猫咪患有泌尿系统闭塞疾病时，将无法正常小便。严重时可能出现休克，身体无法移动，只能勉强抬起头。

侧卧着
会好一点

好累，连呼吸都很困难。

眼皮好重，勉强睁开一下又合上了。

虽然讨厌医院陌生的味道，但我不能哭。

我要在这里尽快接受治疗，早点好起来，

然后和你一起玩球。

患急性肾衰竭时

猫咪的肾功能急剧下降时，疼痛会非常剧烈，呼吸困难，几乎不能动弹，只能在病房里侧着身子卧着。

呀！放马过来！
我天不怕地不怕！
再来一次！再来一次！
捕猎游戏玩不腻！
现在的我最喜欢趴在熟悉的沙发上。
卡片，我们来玩捕猎游戏吧？
我想休息，看来身体大不如前了。

8

感觉自己在老去

所有事情都对我意义重大

前脚痒痒，需要找个地方挠一挠。

我想尿尿，得定一个地方上厕所。

可能要长牙了，还需要磨牙的东西。

我想练习捕猎，还想和朋友打滚。

如果有新的气味，我会张开嘴巴认真分析。

社会化时期的猫咪

出生后 3 周到 8 周是猫咪的社会化时期。在 5 周左右，猫咪会确定磨爪子和上厕所的地方，还会长出牙齿，分析气味的犁鼻器也发达起来。这对猫咪来说是意义重大的时期。

对刺激很敏感

这边嗅嗅，那边闻闻，
很好奇家里所有的味道。
这边跑跑，那边跳跳。
每次和你做游戏都很兴奋。
窗外鸟儿的动作，汽车的移动，
自行车的车轮与柏油路摩擦的声音，
你轻快地走来的声音，
对我来说都是有趣的刺激。

青少年时期的猫咪

出生 3 个月到 12 个月是猫咪的青少年时期，这个时期的猫咪对视觉、嗅觉和听觉的刺激很感兴趣。

喜欢
熟悉的东西

你第一次为我精心搅拌的罐头。

我到现在还是喜欢。

沙发角落铺满阳光的毛毯上，

始终是我最喜欢待的地方。

比起新事物，

我更喜欢熟悉的东西。

成年时期的猫咪

1 岁以上的成年猫咪会记住自己从小喜欢的地方，并守护一生。猫咪的饮食习惯和喜欢的场所不会轻易改变。

感觉自己在变老

我不像以前一样爱玩爱跳了。

猫爬架的台阶看起来好高，

不能像以前一样轻松爬上去了。

捕猎游戏才玩了不到 5 分钟，呼吸就变得急促。

猫粮也变得很硬，嘎吱嘎吱嚼起来很费劲。

我的身体在一点点变老，这让我很难过。

中年时期的猫咪

6 岁以上的中年猫咪，其身体年龄相当于人类的 40 多岁。这个时期的猫咪会出现心脏病、退行性关节炎、牙科疾病等。

不想忘记，也不想被忘记

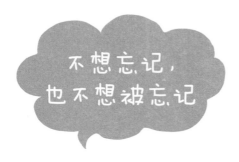

你滚烫的泪水，一颗一颗滴落在我的脸上。

你颤抖的手，轻轻抚摸着我的头和身体。

我还想说喜欢你，

我还想告诉你我很开心，

但现在真的要分别了。

如果有机会再见，

我会更加热情地向你问候。

喵呜。

老年时期的猫咪

猫咪的平均寿命是 15 年。如果猫咪比主人先离开这个世界，就会在天堂等待主人的到来。

轻松画出芝士色斑纹猫

1. 首先画一个横向比较长的椭圆形，作为猫咪的脸。2. 在头部两侧上方画两只三角形耳朵。

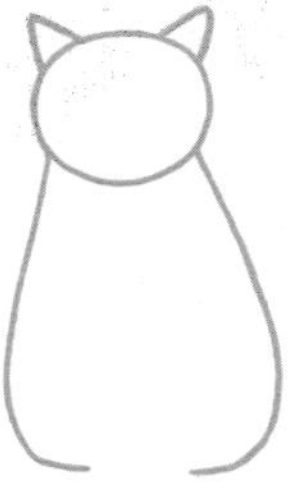

3. 从脖子部位向下画两条长长的曲线，打造猫咪的身体。请注意，越往下身体的宽度越大！

4. 从身体的中央位置开始向下画两条前腿，越往下腿的宽度越窄。5. 在身体的下面画两个圆圆的后脚。

6. 从臀部向右画一条长长的曲线，画出尾巴。也可以用尾巴的形状来表现猫咪的心情。

7. 画两只圆圆的眼睛，眼尾微微上扬。8. 涂上虹膜和瞳孔。9. 画出倒三角形的鼻子，画出波浪形的小嘴。10. 从鼻子两侧往外画弧线，画出胡子。

11. 将身体、脸部上方和尾巴涂成橘色。12. 用深一点的橙色在腿部和尾巴上画出条纹。13. 把耳朵内侧和两颊涂成粉红色。一只芝士色斑纹猫就出现在你的面前了。

自由地涂色吧！

铲屎官需要了解的猫心探究题

1. 猫咪的心理年龄和人的几岁一样呢？

   ① 7 岁　② 3 岁　③ 5 岁　④ 12 岁

2. 以下哪种行为不是猫咪害怕时会做出的“三种代表性行为”？

   ① 僵住　② 逃跑　③ 四脚朝天躺下　④ 战斗

3. 猫咪的身体年龄比人类快多少倍？

   ① 一样　② 2 倍　③ 3 倍　④ 4 倍

4. 猫咪准备战斗的时候尾巴是什么样的？

   ① 竖成 90 度　② 与地面平行

   ③ 垂下 45 度　④ 把尾巴卷到身体下面

5. 猫咪遇到喜欢的人的时候尾巴是什么样的？

   ① 把尾巴竖成 90 度　②往两边摇

   ③ 把尾巴的毛竖起来　④把尾巴卷到身体里下面

6. 情绪稳定的时候，猫咪的瞳孔形状是什么样的？

   ① 细线的形状　②圆圆的形状

   ③ 杏仁的形状　④前面所有的形状

7. 感到害怕的时候，猫咪的胡子会朝哪个方向？

① 朝前　② 朝下　③ 朝上　④ 朝后

8. 前面有有趣的声音刺激时，猫咪的耳朵会朝向哪个方向？

① 朝前　② 朝后　③ 没有变化　④ 朝下

9. 猫咪的胡子能感知到前面几厘米的距离？

① 10 厘米　② 20 厘米　③ 30 厘米　④ 40 厘米

10. 猫咪在受到轻微压力时的行为是什么？

① 摇头　② 闭上眼睛

③ 咕嘟咽口水　④ 张开嘴巴

11. 猫咪紧张的时候鼻子会变成什么颜色？

① 黑色　② 蓝色　③ 白色　④ 粉红色

12. 猫咪非常高兴的时候是如何用尾巴表达的呢？

① 与地面平行　② 往下垂

③ 向上竖起并抖动　④ 只有尾巴尖在抖动

13. 猫咪期待感满满的时候发出的叫声是什么呢？

① 咝咝声　② 短促颤音　③ 喵呜　④ 咆哮低吼声

14. 窗边出现猎物时，猫咪发出的声音是什么呢？

① 啁啾振动声　② 短促颤音

③ 咝咝声　④ 咆哮低吼声

15. 猫咪在出生后第几周确定上厕所的地点？

① 3 周　② 5 周　③ 10 周　④ 12 周

16. 猫咪的平均寿命是多少岁？

① 10 岁　② 15 岁　③ 20 岁　④ 25 岁

17. 猫咪在心理上感到舒服的距离是多远呢？

18. 猫咪不舒服的时候会把身体蜷缩成面包状还是球状？

19. 猫咪尿不出来时，主人要怎么做？

20. 如何与猫咪打招呼？

正确答案

1 ② 2 ③ 3 ④ 4 ③ 5 ① 6 ①

7 ④ 8 ① 9 ③ 10 ③ 11 ④ 12 ③

13 ② 14 ① 15 ② 16 ②

17 1.8 米 18 蜷缩成球形

19 尽快去医院

20 轻碰鼻子

如果猫咪会说话

作者 _ [韩] 罗应植　　绘者 _ [韩] 舞蜗　　译者 _ 易乐文

产品经理 _ 杜雪　　装帧设计 _ 张一二　　文字统筹 _ 沈漱石
技术编辑 _ 丁占旭　　责任印制 _ 刘世乐　　出品人 _ 王国荣

营销团队 _ 张超　易晓倩

果麦
www.guomai.cn

以 微 小 的 力 量 推 动 文 明

图书在版编目（CIP）数据

如果猫咪会说话 / (韩) 罗应植著 ; (韩) 舞蜗绘 ; 易乐文译. — 济南 : 山东画报出版社, 2024.4
ISBN 978-7-5474-4830-4

Ⅰ. ①如… Ⅱ. ①罗… ②舞… ③易… Ⅲ. ①猫 – 驯养 Ⅳ. ①S829.3

中国国家版本馆CIP数据核字(2024)第046863号

고양이 마음 사전
文字by Na Eunsic/罗应植，插画by Dancing Snail/舞蜗

Original Korean edition published by Gimm-Young Publishers, Inc.

著作权合同登记号 图字：15-2024-2930

RUGUO MAOMI HUI SHUOHUA
如果猫咪会说话
[韩]罗应植 著 [韩]舞蜗 绘 易乐文 译

责任编辑 刘 丛
装帧设计 张一二

主管单位 山东出版传媒股份有限公司
出版发行 山东画报出版社
社　　址 济南市市中区舜耕路517号 邮编 250003
电　　话 总编室（0531）82098472
市场部（0531）82098479
网　　址 http://www.hbcbs.com.cn
电子信箱 hbcb@sdpress.com.cn
印　　刷 河北尚唐印刷包装有限公司
规　　格 140毫米×200毫米 32开
5印张 100幅图 100千字
版　　次 2024年4月第1版
印　　次 2024年4月第1次印刷
印　　数 1—6 000
书　　号 ISBN 978-7-5474-4830-4
定　　价 49.80元

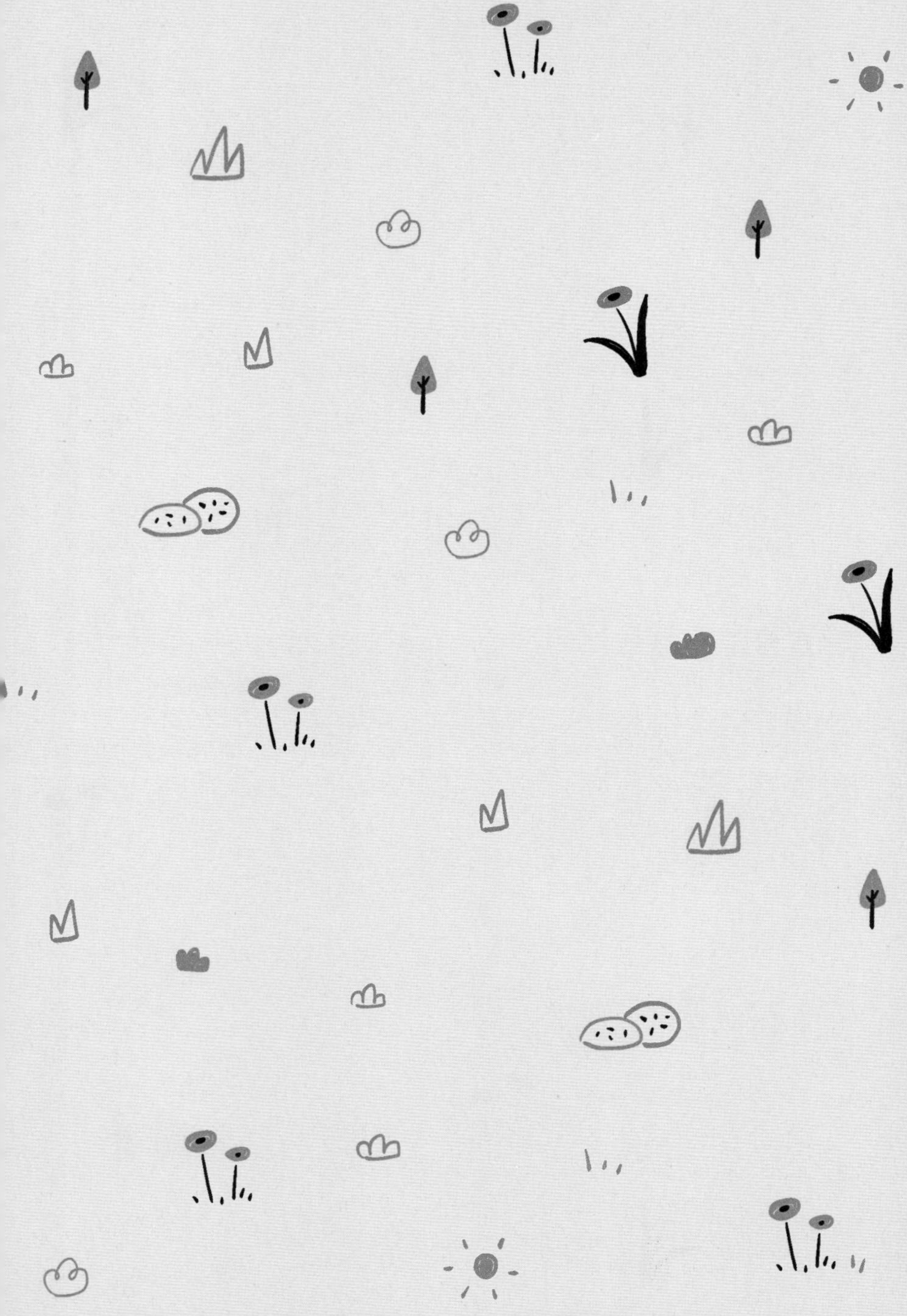